Clinton Binda Asoh-Itambi

Conceção e implementação de um sistema de leitura automática de contadores sem fios

Clinton Binda Asoh-Itambi

Conceção e implementação de um sistema de leitura automática de contadores sem fios

ScienciaScripts

Cover image: www.ingimage.com

This book is a translation from the original published under ISBN 978-620-2-30906-6.

Publisher:
Sciencia Scripts
is a trademark of
Dodo Books Indian Ocean Ltd. and OmniScriptum S.R.L publishing group

120 High Road, East Finchley, London, N2 9ED, United Kingdom
Str. Armeneasca 28/1, office 1, Chisinau MD-2012, Republic of Moldova, Europe
Printed at: see last page
ISBN: 978-620-8-28891-4

DEDICAÇÃO

Para a minha adorável família

RECONHECIMENTO

Em primeiro lugar e acima de tudo, todo o louvor e agradecimento vão para o meu Caro e Salvador Jesus Cristo, sem o qual esta conquista não teria sido possível.

A minha sincera gratidão aos meus queridos pais, Sr./Sra. Thaddaeus Asoh, e a toda a minha família pelo seu apoio constante e por terem levado a minha educação até tão longe.

Muito obrigado ao meu Supervisor, o Sr. Mathieu Hilaire MEGOZE, pela sua orientação e apoio neste trabalho, e à Faculdade de Engenharia e Tecnologia da Universidade de Buea por me ter dado conhecimentos na minha área de paixão.

RESUMO

Hoje em dia, a comunicação sem fios tornou-se omnipresente em todo o mundo e a sua aplicação para medir o consumo de energia pelos clientes está a ganhar rapidamente ritmo, não só no mundo desenvolvido mas também nos países em desenvolvimento. Esta tese apresenta o projeto e a implementação de um sistema de leitura automática de contadores (AMR) utilizando o Arduino Uno e comunicação sem fios baseada na norma Global System for Mobile (GSM). O objetivo é monitorizar, ler com precisão um contador de energia e transmitir automaticamente a leitura (energia consumida), sem fios, para o gabinete de faturação da empresa de fornecimento de energia, utilizando o serviço de mensagens curtas (SMS). A conceção e a implementação são efectuadas em quatro fases: revisão da literatura, conceção e programação do software, teste dos blocos de hardware e teste do sistema completo. A conceção do software é feita com o Proteus Professional 8 e o esboço (programa) é escrito e carregado no Arduino Uno utilizando o IDE do software Arduino. O hardware principal é constituído pelo Arduino Uno (uma placa baseada num microcontrolador), um contador de energia, um módulo GSM SIM900A, um cartão SIM, um transformador abaixador, um ecrã de cristais líquidos (LCD) 16x2, uma lâmpada e um telemóvel. O sistema monitoriza o contador de energia através das suas saídas de impulsos e transmite a energia total consumida após um determinado número de impulsos ou tempo, sob a forma de mensagem de texto para o gabinete de faturação. Também apresenta a leitura do contador e a contagem de impulsos num LCD.

ÍNDICE DE CONTEÚDOS

GLOSSÁRIO E ABREVIATURAS

Microcontrolador: O microcontrolador é o cérebro da placa Arduino. A placa de desenvolvimento Arduino baseia-se em microcontroladores AVR de diferentes tipos, cada um dos quais com diferentes funções e caraterísticas.

Esboço: Um programa criado no ambiente de desenvolvimento integrado do software Arduino.

Universal Asynchronous Receiver/Transmitter (Recetor/Transmissor assíncrono universal): Representa o número de linhas de comunicação serial separadas que a placa do arduino pode suportar. Na maioria das placas, como o Arduino Uno, os pinos de E/S digitais 0 e 1 funcionam como pinos de envio e receção em série e são partilhados com a porta de programação em série.

A	Ampere: Basic unit of electric current
AC	Alternating Current
ADC	Analog to Didital Converter
AMR	Automatic Meter Reading
ASIC	Application Specified Integrated Circuit
AT	Attention
Bps	bits per second
DC	Direct Current
DMT	Digital Micro Technology
GPRS	General Packet Radio Service
GSM	Global System for Mobile Communication
ICSP	In-Circuit Serial Programming
IDE	Integrated Development Environment
IoT	Internet of Things
KWh	Kilowatt hour

LCD	Liquid Crystal Display
LED	Light Emitting Diode
MTN	Mobile Telecommunication Network
MHz	Mega Hertz
PWM	Pulse Width Modulation
RF	Radio Frequency
RFID	Radio-Frequency Identification
RTC	Real Time Clock
RX	Receiver
SCL	Serial Clock
SDA	Serial Data
SIM	Subscriber Identity Module
SMS	Short Message Service
TOD	Time of Day
TX	Transmitter
UART	Universal Asynchronous Receiever/Transmitter
USB	Universal Serial Bus
V	volt
W	Watt
Wh	Watt hour

CAPÍTULO 1

REVISÃO DA LITERATURA

1.1 Introdução e motivação

A energia eléctrica é a força motriz do desenvolvimento de qualquer economia em todos os sectores. Como tal, os contadores de energia eléctrica, que medem a quantidade de energia eléctrica consumida e servem de interface de faturação direta entre as empresas fornecedoras de eletricidade e os consumidores, têm sofrido vários avanços na última década. Os contadores electromecânicos convencionais estão a ser substituídos por novos contadores electrónicos para melhorar a precisão da leitura dos contadores. Por conseguinte, estão a ser feitas tentativas para automatizar os sistemas de leitura e faturação. Apesar de terem sido introduzidas leituras mais precisas e mais rápidas, a leitura dos contadores e o pagamento das facturas continuam a basear-se nos antigos procedimentos tradicionais. Os contadores de energia eléctrica são instalados nas instalações dos consumidores e a informação sobre o consumo é recolhida manualmente pelos leitores de contadores em intervalos de tempo específicos (normalmente mensais), visitando as instalações. Este método de leitura dos contadores de energia tem as seguintes desvantagens, tanto para o consumidor como para a empresa fornecedora:

> A contratação de leitores de contadores é uma despesa adicional para a empresa.

> Por vezes, os contadores são instalados no interior das casas das pessoas, pelo que, se estas não estiverem em casa, os leitores não podem registar as leituras a tempo. Assim, a empresa não pode fornecer facturas atempadas. Para alguns consumidores, é igualmente incómodo ter de ficar em casa à espera de um contador quando deveriam estar a trabalhar. Perante estas dificuldades, a empresa recorre por vezes a considerar a média das facturas dos meses anteriores como indicador do consumo provável do mês em curso. Esta situação representa um encargo tanto para o consumidor como para a empresa de fornecimento de eletricidade. O consumidor, por um lado, pode não ter utilizado no mês em curso uma quantidade de eletricidade semelhante à dos meses anteriores por razões como férias noutro local ou hospital, etc., durante o mês. Por outro lado, este método dá uma ideia incorrecta do consumo global de eletricidade na

zona do consumidor e pode, em última análise, dar origem a erros no planeamento futuro por parte da empresa.

> Alguns consumidores valorizam a sua privacidade e consideram que a entrada frequente de leitores de contadores nas suas casas constitui uma invasão de privacidade.

Por conseguinte, é de importância vital que as empresas de fornecimento de eletricidade desenvolvam técnicas de leitura do consumo de energia melhores, isentas de erros, rápidas, pouco dispendiosas e não intrusivas, para que possam ser geradas e comunicadas aos consumidores facturas exactas.

Neste contexto, a procura de capacidade de computação a todos os níveis dos sistemas electrónicos está a impulsionar os avanços na tecnologia de chips semicondutores. Os fabricantes de sistemas de ***leitura automática de contadores*** (AMR) e de sistemas de monitorização da qualidade da energia estão a tirar partido destes avanços e a integrá-los em novos contadores e instrumentos. A leitura automática de contadores é a tecnologia de recolha automática de dados de consumo, diagnóstico e estado dos contadores de água ou de energia e de transferência desses dados para uma base de dados central para faturação, resolução de problemas e análise [1]. Esta tecnologia poupa principalmente aos fornecedores de serviços públicos a despesa de deslocações periódicas a cada local físico para ler um contador. A faturação baseia-se no consumo quase em tempo real e não em estimativas baseadas no consumo passado ou previsto. Esta informação atempada, associada a uma análise, pode ajudar tanto os clientes como a empresa fornecedora a controlar melhor o consumo e a produção de energia eléctrica. As tecnologias AMR incluem tecnologias de mão, móveis, incorporadas e de rede baseadas em plataformas de telefonia (com e sem fios), radiofrequência (RF) ou transmissão por linha eléctrica. Algumas destas tecnologias de rede incluem o Sistema Global para Comunicações Móveis (GSM), ZigBee e RFID. Algumas das vantagens e desvantagens do AMR são

Quadro 1. 1: Vantagens e desvantagens do AMR

Advantages	**Disadvantages**
Accurate meter readings, not estimates.	The supply company can control the amount allocated to users.
Improved and prompt billing.	Greater potential for monitoring by other/unauthorized third parties.
Less expenditure and better energy management by the supply company.	Increased security risks from network or remote access.

Neste projeto, é proposto um sistema de leitura automática de contadores de energia. O Arduino Uno, uma placa baseada num microcontrolador AVR, é utilizado para estabelecer a interface com um contador eletrónico. Isto é feito através da programação no Arduino IDE e depois carregando o ficheiro hexadecimal para a placa. É utilizado um LCD 16x2 para visualizar a energia consumida pelas cargas ligadas ao contador. Esta energia consumida é também transmitida sem fios para o gabinete de faturação da empresa de fornecimento de eletricidade através de uma rede GSM estabelecida por Short Message Service (SMS). Esta informação pode então ser utilizada para efeitos de faturação e outros fins de planeamento comercial. A rede GSM tem uma ampla cobertura que pode abranger a maioria, se não todas as localizações dos contadores, pelo que a empresa fornecedora pode receber leituras rápidas dos contadores e fornecer aos clientes as suas facturas atempadamente.

1.2 Revisão da literatura

Um contador de energia é um dispositivo que mede a quantidade de energia eléctrica consumida por uma residência, empresa ou dispositivo elétrico. São normalmente calibrados em unidades de faturação e a mais comum é o quilowatt-hora (kWh). Um quilowatt-hora é a quantidade de energia eléctrica necessária para fornecer 1000 watts de eletricidade durante uma hora. Os contadores de eletricidade funcionam através da medição contínua da tensão instantânea (volts) e da corrente (amperes). O produto destas medições dá a potência eléctrica instantânea (watts), que é depois integrada no tempo para dar a energia utilizada. Os sistemas de leitura automática de contadores que utilizam redes GSM foram propostos anteriormente por [2], [3] e [4]. O AMR utiliza a rede GSM para enviar os dados através do modem GSM que está a utilizar a rede GSM para enviar a leitura da utilização total de energia através de um sistema de mensagens curtas (SMS) [5]. Nas últimas décadas, os contadores de energia eléctrica têm sofrido alterações fenomenais e espera-se que se tornem ainda mais sofisticados, oferecendo cada vez mais serviços. Os contadores de energia electromecânicos estão a ser rapidamente substituídos por contadores digitais que oferecem uma elevada exatidão e precisão [5]. Atualmente, a geração de contadores de energia eléctrica é de AMRs. Existem dois tipos principais de contadores de eletricidade: electromecânicos e electrónicos.

Os contadores de quilowatts-hora por indução eletromecânica são os mais comuns e funcionam através da contagem das rotações de um disco metálico não magnético, mas condutor de eletricidade, que roda a uma velocidade proporcional à potência que passa pelo contador. O número de rotações é, portanto, proporcional ao consumo de energia. A bobina de tensão consome uma quantidade pequena e relativamente constante de energia, normalmente cerca de 2 watts, e esta energia não é registada no contador [5]. A bobina de corrente consome igualmente uma pequena quantidade de energia proporcional ao quadrado da corrente que a atravessa, tipicamente até um par de watts a plena carga, que é registada no contador. O disco sofre a ação de duas bobinas. Uma bobina está ligada de forma a produzir um fluxo magnético proporcional à tensão e a outra produz um fluxo magnético proporcional à corrente. O campo da bobina de tensão é atrasado em 90 graus devido à natureza indutiva da bobina e calibrado utilizando uma bobina de atraso. Isto produz correntes de Foucault no disco e o efeito é tal que é exercida uma força no disco proporcional ao produto da corrente instantânea, da tensão e do ângulo de fase (fator de potência) entre eles. Um íman permanente exerce uma força oposta proporcional à velocidade de rotação do disco. O equilíbrio entre estas duas forças opostas faz com que o disco gire a uma velocidade proporcional à potência ou à taxa de utilização da energia. O disco acciona um mecanismo de registo que conta as rotações, a fim de medir a energia total utilizada.

Os contadores electrónicos, por outro lado, apresentam a energia consumida num ecrã LCD ou LED e alguns podem também transmitir leituras para locais remotos. Baseiam-se na Microtecnologia Digital (DMT) e são também conhecidos como contadores de energia estática, devido ao facto de não utilizarem quaisquer peças móveis como os contadores electromecânicos. O funcionamento exato destes contadores electrónicos é controlado por um circuito integrado especialmente concebido para o efeito, denominado Application Specified

Integrated Circuit (ASIC). Para além do ASIC, estão também presentes circuitos analógicos, transformadores de tensão e de corrente para recolher amostras da tensão e da corrente de entrada. Estes dados de entrada são comparados com uma referência programada, para gerar uma taxa de tensão de saída que é depois convertida num sinal digital, passando-o através de conversores analógico-digitais (ADC) presentes no ASIC. A saída digital do ASIC é um valor médio que é a unidade de medida da potência, disponível como "impulsos" e indicada no painel frontal do contador por um díodo emissor de luz (LED). Nos contadores electrónicos são utilizados diferentes ASIC, normalmente de 800-3600 impulsos por quilowatt-hora. Assim, a energia consumida pode ser calculada utilizando o número de impulsos registados pelo contador e apresentados num LCD ou LED.

Além disso, os contadores electrónicos podem ser pós-pagos ou pré-pagos. No caso dos contadores pós-pagos, os consumidores recebem facturas com base em leituras regulares do contador, normalmente mensais. Os contadores pré-pagos, por outro lado, só permitem o acesso à eletricidade mediante pagamento ao sistema. Para além de medirem a energia consumida, os contadores electrónicos podem também registar outros parâmetros da carga e do fornecimento, tais como a taxa instantânea e máxima de utilização, as tensões, o fator de potência, etc. Podem também suportar a faturação ao longo do dia, por exemplo, registando a quantidade de energia utilizada durante as horas de ponta e fora de ponta. No apêndice A são apresentados exemplos de ambos os tipos de contadores.

Tabela 1. 2: Diferenças entre contadores electrónicos e electromecânicos

Electronic meters	**Electromechanical meters**
Static meters.	Non-static meters.
Measure current in both phase and neutral lines.	Measure current using phase only.
Measure energy using frequency or pulse rate.	Measure energy using revolutions of a coil.
Start measuring instantaneously as soon as the load is connected.	Have a measuring delay upon connection of the load.
More accurate, reliable and of higher precision.	Less accurate, less reliable and of lower precision
Consume less power.	Consume more power.
Can be analog or digital.	mechanical.
Can be prepaid or postpaid meters.	Postpaid meters.
Can be programmed to communicate with external electronic circuitry.	Cannot be programmed to communicate with external electronic circuitry.

Neste projeto, é utilizado o medidor eletrónico (digital) DDS228 da Veto. Este contador tem um optoisolador. Os optoisoladores (também chamados optoacopladores) são componentes que proporcionam uma separação eléctrica entre dispositivos, permitindo que dispositivos ou circuitos que funcionam com níveis de tensão diferentes trabalhem em conjunto de forma segura. Neste caso, os circuitos isolados são o contador e a placa Arduino. O optoisolador liga a saída de impulsos à placa sem contacto direto com a alta tensão do contador.

A Arduino LLC é uma empresa de protótipos de hardware eletrónico criada em 2009. Produz diferentes tipos de placas baseadas em microcontroladores, vendidas dentro e fora dos Estados Unidos da América como ***Arduino*** e ***Genuino***, respetivamente. Todas as placas Arduino são completamente de código aberto, permitindo aos utilizadores construí-las de forma independente e eventualmente adaptá-las às suas necessidades específicas. O Arduino nasceu no Ivrea Interaction Design Institute como uma ferramenta fácil para a criação rápida de

protótipos,
destinada a estudantes sem formação em eletrónica e programação. Assim que chegou a uma comunidade mais alargada, a placa Arduino começou a mudar para se adaptar a novas necessidades e desafios, diferenciando a sua oferta de simples placas de 8 bits para produtos para aplicações da Internet das Coisas (IoT), wearable, impressão 3D e ambientes incorporados [6]. Ao longo dos anos, o Arduino tem sido o cérebro de milhares de projectos, desde objectos do quotidiano a instrumentos científicos complexos [6]. O software também é de código aberto e utiliza a linguagem de programação Arduino (baseada em Wiring) e o Arduino Software (IDE), baseado em Processing.

As placas Arduino estão disponíveis para ler entradas digitais ou analógicas e fornecer saídas digitais ou analógicas. Também têm interfaces para placas e circuitos de expansão, bem como interfaces de comunicação. Existem várias placas Arduino diferentes disponíveis no mercado. Aquando da realização deste trabalho, as placas Arduino oficiais incluem: Arduino Uno, Arduino Duemilanove, Arduino Diecimila, Arduino NG, Arduino Extreme, Arduino BT, Arduino Mini, Arduino Mega, Arduino Leonardo, Arduino Nano, Arduino Pro, Arduino Micro, Arduino Esplora, Lilypad Arduino, Lilypad Arduino USB, Arduino Yun, Arduino Fio, Arduino Ethernet, Arduino Star, Arduino Primo, Arduino Robot, Arduino Gemma e Arduino USB.

1.3 Declaração do problema

Sempre que a empresa de fornecimento de eletricidade pretende calcular as facturas dos seus clientes, tem de enviar leitores de contadores para ler manualmente os contadores nos seus diferentes locais. Trata-se de uma técnica muito dispendiosa, demorada, lenta, propensa a erros e, por vezes, intrusiva. Por conseguinte, existe o problema de ler os contadores de energia de uma forma que seja benéfica tanto para o consumidor como para a empresa fornecedora de eletricidade. Esta tese apresenta um sistema de leitura automática de contadores sem fios utilizando o microcontrolador Arduino e GSM para comunicação sem fios.

1.4 Metas e objectivos

O principal objetivo deste projeto é conceber e implementar um sistema de leitura automática de contadores de energia que lê o contador e transmite sem fios o valor da energia consumida para o gabinete de faturação da empresa fornecedora de eletricidade, utilizando o serviço de mensagens curtas com uma rede GSM estabelecida.

Os objectivos são:

Conceber um sistema de leitura automática de contadores que:

- Mede com precisão o consumo de energia eléctrica.
- Visualizar a leitura do contador.
- Transmitir a energia consumida, sem fios, ao serviço de faturação da companhia de eletricidade.

Desenvolver um protótipo para este sistema de leitura automática de contadores.

1.5 Plano do projeto

Esta tese está organizada em três capítulos:

Capítulo 1: Este capítulo apresenta uma introdução geral e uma visão geral da AMR, a declaração do problema do projeto, uma revisão da literatura e antecedentes dos contadores de energia, a história da AMR e o objetivo deste projeto.

Capítulo 2: Este capítulo descreve a conceção e a metodologia adoptadas neste projeto, uma antevisão dos componentes do circuito selecionados para este projeto, depois uma descrição detalhada dos componentes do circuito e, por fim, o desenho completo do contador e os esquemas do sistema.

Capítulo 3: Este capítulo descreve as implementações dos blocos do sistema descritos no capítulo 2, iniciando com a simulação do sistema no software Proteus, seguido do teste do protótipo. Discute também os resultados obtidos nos testes, com as conclusões e o trabalho futuro do projeto.

Neste capítulo, foi apresentada a introdução geral a este trabalho e uma visão geral do AMR, a declaração do problema do projeto, uma revisão da literatura e antecedentes dos contadores de energia, a história dos contadores e do AMR, juntamente com o objetivo e os objectivos. O capítulo seguinte apresenta o projeto e a metodologia utilizados no sistema AMR.

CAPÍTULO 2

CONCEPÇÃO E METODOLOGIA

Este capítulo apresenta a conceção e a metodologia adoptadas neste projeto. Isto inclui uma descrição dos componentes do circuito, como estão ligados entre si e como todo o sistema funciona. O projeto é realizado por simulação no software Proteus Professional 8.

2.1 Filosofia de conceção

O sistema é ligado ao contador no lado do consumidor onde está instalado. O sistema lê o contador monitorizando os seus impulsos e transmite a energia consumida após um determinado número de impulsos (ou um tempo especificado) ao serviço de faturação por SMS. Em vez de ir a cada local para fazer leituras do contador, as leituras são recebidas no gabinete de faturação no momento necessário.

2.2 Abordagem de conceção

O sistema de contagem de energia é composto por Arduino Uno (placa microcontroladora), contador de energia digital, módulo GSM SIM900A, fonte de alimentação, cartão SIM e ecrã de cristais líquidos (LCD). A Figura 2.1 mostra um diagrama de blocos da conceção do sistema.

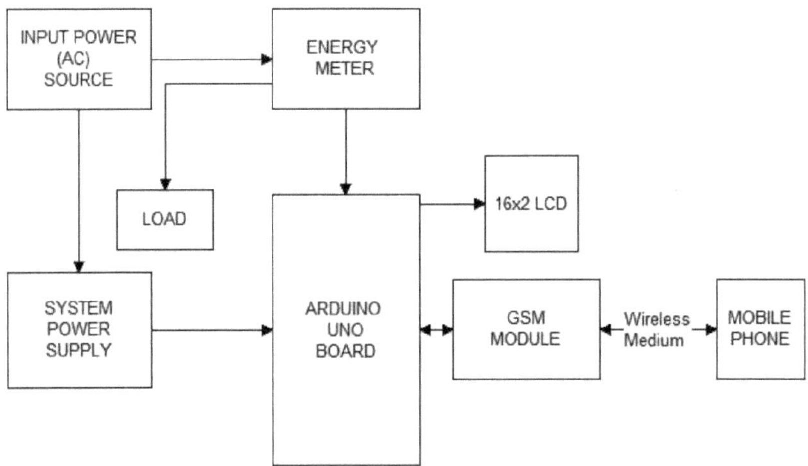

Figura 2. 1: Diagrama de blocos do sistema

Tabela 2. 1: Blocos de componentes e suas funções

Component/Block	Function
Energy Meter	It produces electrical pulses proportional to the energy consumed by the customer and the power supply of the Arduino Uno.
Arduino Uno Board	Calculates the energy consumed by the customer by utilizing the output of the Energy Meter through a program uploaded onto the board.
GSM Module	Transmits the total energy wirelessly by SMS.
LCD	Displays the energy consumed and the pulse count.
SIM Card	Grants the GSM Module access to an established GSM-based cellular network given that it is within the network coverage area.
Input Power Source	220 – 240V AC mains to power the meter and system power supply circuit
System Power supply	Supplies the system with the appropriate voltage (12V DC) needed by the Arduino board and other components like the GSM module and LCD connected to it.
Mobile Phone	It receives the short message
Load	Refers to appliances like bulbs, electric iron, refrigerator etc. connected to the meter, accounting for electricity consumption.

2.2.1 Arduino Uno

De entre as placas Arduino disponíveis listadas na secção 1.3.2, foi escolhida para este projeto a Arduino Uno. O Arduino Uno foi escolhido por ser a placa mais utilizada e documentada de toda a família Arduino e Genuino, a última revisão da placa Arduino USB básica e a mais facilmente disponível. O programa é escrito no Arduino IDE e carregado para esta placa através de uma ligação USB para Serial. O Arduino Uno tem 14 pinos de entrada/saída digitais (dos quais 6 fornecem saída PWM), 6 entradas analógicas, um oscilador de cristal de 16 MHz, uma ligação USB, uma tomada de alimentação externa, um conetor ICSP e um botão de reinicialização, como mostra a figura 2.2.

Figura 2. 2: A placa Arduino Uno

Todos os pinos digitais funcionam a 5 volts e podem ser configurados como pinos de entrada ou saída. Neste projeto, o pino digital 7 é designado/configurado como a entrada para o impulso do contador de energia, enquanto a terra do optoisolador do contador é ligada à terra do Arduino. Esta placa está ligada ao contador, ao LCD e ao módulo GSM. Como tal, o módulo GSM e o LCD obtêm a sua alimentação a partir da placa. A placa Arduino pode ser alimentada por uma ligação USB ou por uma fonte de alimentação externa, que pode ser uma bateria ou um adaptador AC-to-DC. No entanto, se a tensão de alimentação da placa for inferior a 7V, os pinos de 5V podem fornecer menos de 5Volts aos componentes ligados e a placa pode ficar instável. Além disso, a placa Arduino pode ficar danificada ou estragada devido a sobreaquecimento se utilizar uma tensão externa superior a 12V. Assim, a tensão de alimentação externa recomendada situa-se entre 7 e 12 volts. Neste projeto, é utilizada uma fonte de alimentação externa, tal como explicado na secção 2.2.2.6.

2.2.2 Módulo GSM

O módulo GSM (Global System for Mobile) é um dispositivo SIM900 Quad-band GSM e GPRS, que funciona nas bandas de frequência de 850 MHz, 900 MHz, 1800 MHz e 1900 MHz. O modem foi concebido com circuitos de interface TTL de 3,3 V e 5 V CC, que permitem ao utilizador estabelecer uma interface direta com microcontroladores de 5 V e 3,3 V. O shield GSM do Arduino é utilizado para enviar/receber mensagens e fazer/receber chamadas, tal como um telemóvel, utilizando um cartão SIM de um fornecedor de rede GSM. Neste projeto, o shield GSM é ligado à placa Arduino e, em seguida, é ligado um cartão SIM de um operador que ofereça cobertura GSM/GPRS. Os operadores dos Camarões que oferecem esta cobertura são a MTN, a Orange e a Nexttel. O módulo GSM foi configurado com uma taxa de transmissão de 115200 bps para permitir a leitura das bandas GSM utilizadas nos Camarões (900 MHz e 1800 MHz). Este modem GSM funciona com qualquer cartão SIM de qualquer operador de rede GSM, tal como um telemóvel com o seu próprio número de telefone único. A comunicação entre a placa Arduino e o shield neste projeto é feita através da utilização de comandos AT (comandos de atenção). Os comandos AT são instruções especiais dadas ao módulo GSM para que este execute tarefas específicas, como enviar/receber SMS e efetuar/receber chamadas de voz. Estes comandos AT têm o formato "AT+<x><n>", ou "AT&<x><n>", em que "<x>" é o comando e "<n>" é/são o(s) argumento(s) desse comando.

No entanto, neste projeto estamos apenas a enviar uma mensagem e alguns dos comandos AT utilizados são:

AT+CMGF=1: Coloca o módulo no modo de texto SMS.

AT+CMGS= \" número de telemóvel" \"": Recebe o número de telemóvel do destino do SMS e fornece uma mensagem para que a mensagem de texto seja introduzida e enviada.

A gama de alimentação eléctrica do SIM900A, o modem de rádio utilizado pelo módulo GSM, é de 3,2 V a 4,8 V. No entanto, o pico de transmissão provoca uma queda de tensão e a fonte de alimentação deve ser capaz de fornecer uma corrente de cerca de 2A para um funcionamento correto. Este requisito não pode ser cumprido se for alimentado a partir da placa Arduino através da porta USB, pelo que a placa foi alimentada através da tomada externa com uma fonte de 12Volts. A Figura 2.3 mostra o módulo GSM SIM900A utilizado neste projeto.

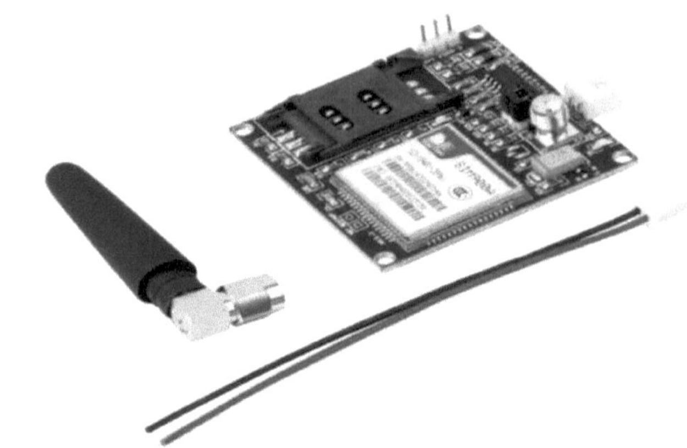

Figura 2. 3: O módulo GSM SIM900A

O módulo GSM é ligado ao Arduino para comunicação em série através do Recetor/Transmissor Assíncrono Universal. Ou seja, os seus pinos TX e RX são ligados ao Arduino RX (pino 0) e TX (pino 1), respetivamente. É alimentado ligando os seus pinos VCC e terra aos pinos 5V e terra da placa Arduino, como se mostra na tabela 2.1.

Tabela 2. 2: Módulo GSM - Pinos de interface do Arduino

Pin on GSM Module	Pin on Arduino Uno
VCC	5V
Ground	Ground
TX	RX
RX	TX

2.2.3 Contador de energia eléctrica

Um contador de energia ou contador de quilowatts-hora é um instrumento elétrico que mede a quantidade de energia eléctrica utilizada pelos consumidores. Estes contadores medem a tensão e as correntes instantâneas rápidas, calculam o seu produto e fornecem a potência instantânea. Esta potência é integrada num intervalo de tempo, o que dá a energia utilizada durante esse período de tempo.

Neste projeto, é utilizado um contador digital monofásico de quilowatts-hora DDS228 fornecido pela Veto Company, mostrado na figura 2.4. Este contador satisfaz os requisitos da Eneo (a empresa de fornecimento de eletricidade nos Camarões), uma vez que funciona com uma alimentação de 220V-240V/50Hz AC e pode lidar com uma corrente máxima de 10(60) A. O contador tem uma porta de impulsos e uma memória para armazenar registos em caso de corte de energia. Um circuito optoisolador interno no medidor fornece uma saída externa de impulsos. Um impulso corresponde a uma quantidade definida de energia que passa através do medidor (taxa de impulsos). O contador DDS228 (Apêndice A) tem uma taxa de impulsos de 1600imp/kWh e um LED intermitente no contador indica a ocorrência de um impulso.

A precisão do contador é de uma casa decimal. No entanto, o novo sistema é capaz de ler o contador com uma precisão superior a seis casas decimais. Ou seja, até a energia consumida por um único impulso pode ser lida. As ligações de interface entre o contador e o Arduino Uno são apresentadas na tabela 2.2.

Tabela 2. 3: Interface entre o medidor e o Arduino

Meter (Optoisolator output)	Arduino pin
Pulse(+)	Pin 7
Ground(-)	Ground

O desenho desta interface é também apresentado na figura 2.4.

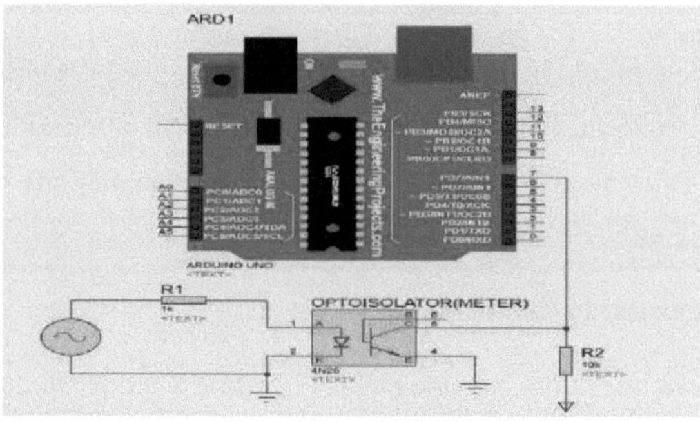

Figura 2. 4: Ligação do contador ao Arduino Uno (esquema)

2.2.4 Ecrã de cristais líquidos

Um ecrã de cristais líquidos, ou LCD, é um ecrã de vídeo que utiliza as propriedades de modulação da luz dos cristais líquidos para apresentar imagens ou texto num ecrã. Ligando uma placa Arduino aos pinos de um ecrã LCD, é possível programar o microcontrolador para apresentar uma sequência de texto ou imagem desejada no ecrã. Neste projeto, é utilizado um LCD alfanumérico sólido monocromático 16x2 com o Arduino. O 16x2 significa que pode ser apresentado um total de 16 caracteres em cada linha e existem 2 dessas linhas, pelo que pode ser apresentado um máximo de 32 caracteres no LCD em qualquer altura. O Apêndice B e a Figura 2.5 mostram o LCD 16x2 e um esquema da sua ligação ao Arduino Uno, respetivamente.

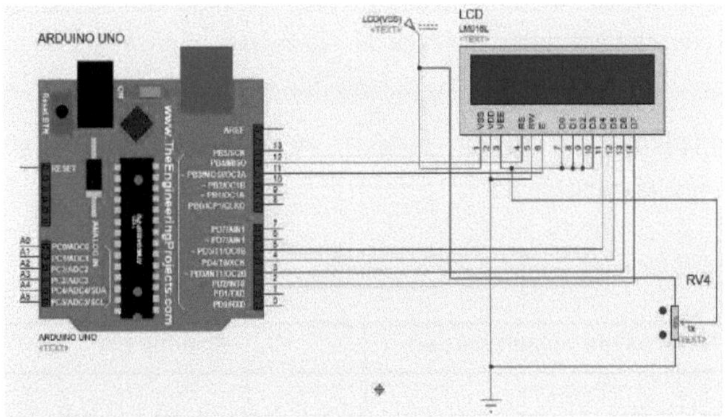

Figura 2. 5: Interface entre o LCD 16x2 e a placa Arduino (esquema)

2.2.5 Prancheta

Uma placa de ensaio sem solda (Apêndice C), mostrada na figura 2.8, é utilizada neste projeto para construir o circuito da fonte de alimentação (retificador e regulador de tensão) para converter AC em DC e regular a tensão de alimentação para 12Volts necessários para o funcionamento adequado do sistema.

2.2.6 Fonte de alimentação do sistema

O módulo GSM consome muita corrente (até 2A) durante a comunicação, sem a qual pode funcionar incorretamente. Este facto torna necessária a utilização de uma fonte de alimentação externa para a placa Arduino, uma vez que os 5V da porta USB não conseguem fornecer esta corrente. Assim, foi construído um circuito de alimentação, como mostra a figura 2.6.

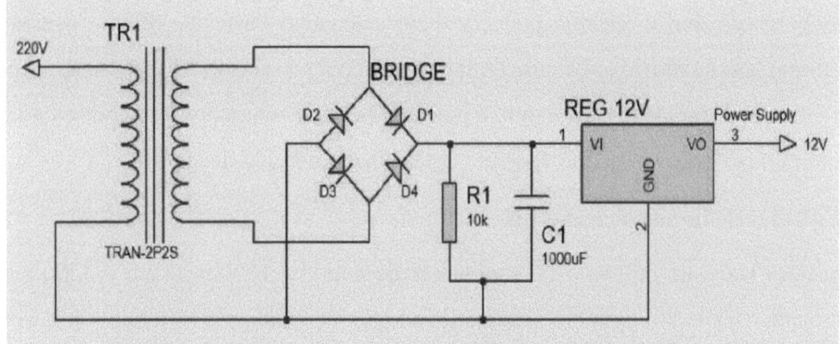

Figura 2. 6: Esquema do circuito da fonte de alimentação

Foi utilizado um transformador abaixador para reduzir a alimentação CA doméstica de 220V para 14V. Esta CA é então rectificada com um retificador em ponte. A função do retificador é converter a tensão CA secundária descendente recebida do transformador numa tensão CC variável. O retificador em ponte é o retificador mais comummente utilizado. Durante o meio ciclo positivo da tensão CA, D1 e D3 são polarizados para a frente, enquanto D2 e D4 são polarizados para trás. O mesmo acontece com o meio ciclo negativo. O retificador em ponte é utilizado porque produz quase o dobro da tensão de saída de um retificador de onda completa com a mesma tensão secundária recebida do transformador. O retificador em ponte é o retificador ideal para a maioria das fontes de alimentação. O filtro é importante para suavizar o sinal DC produzido pelo retificador em ponte. Um condensador de filtro ou filtro RC é o filtro utilizado para suavizar a forma de onda nas fontes de alimentação.

2.3 Metodologia

O método utilizado neste projeto é a Monitorização e Comunicação Série, juntamente com a programação de sistemas embebidos. O sistema monitoriza a saída do contador para detetar um impulso. Uma saída de impulsos corresponde a uma quantidade definida de energia que passa pelo contador. O sistema lê e conta o número de impulsos registados pelo contador devido ao consumo de energia. A energia total consumida pelos impulsos contados é então transmitida como SMS, sem fios, através da rede GSM, à qual se acede através do cartão SIM, para o gabinete de faturação da empresa de fornecimento de energia, como e quando desejado. Esta energia e a contagem de impulsos são também visualizadas num LCD no local do contador. O pino digital 7 da placa Arduino é designado como a entrada de impulsos, onde o impulso do contador é ligado. Se o custo de uma unidade de energia (1kWh) for constante em todas as horas do dia, o sistema pode também calcular o custo da energia consumida e transmiti-lo. Caso contrário, o cálculo da fatura é deixado ao serviço de faturação e apenas a energia é transmitida. Dada uma carga, é possível calcular o número de impulsos que serão consumidos e, portanto, a energia após um determinado período de tempo.

2.3.1 Cálculos de impulsos e energia

Existem duas taxas de pulsação de contadores de energia, 1600imp/kwh e 3200imp/kwh. Neste projeto, o contador digital DDS228 utilizado é um contador de 1600imp/kWh. Portanto, 1600 impulsos consomem 1kWh de energia e um impulso consome 0,000625kWh de energia.

Agora, o fator de potência, PF, que é a energia consumida em 1 hora por um único impulso, em unidades de watt-hora (Wh), é dado por

$$PF = \frac{Power * 1000}{number\ of\ pulses} = \frac{1 * 1000}{1600}$$

$$PF = 0.625\text{Wh per pulse}$$

Utilizamos agora o fator de potência para calcular as unidades de energia consumidas pela carga.

Se utilizarmos uma carga de 75Watts durante 1 minuto,

Por conseguinte,

$$No\ of\ Pulses = \frac{(Pulse\ rate\ of\ meter * Power * time)}{1000 * 3600}$$

$$No\ of\ Pulses = \frac{(1600 * 75 * 60)}{1000 * 3600}$$

$$No\ of\ Pulses = 2\ per\ minute$$

Isto implica que o número de unidades de energia consumidas em 1 hora é:

$$Energy\ Units\ per\ hour = \frac{PF * total\ pulses\ in\ 1hour}{1000} = \frac{0.625 * 2 * 60}{1000} = 0.075kwh$$

Assim, manter o sistema ligado durante um dia com uma lâmpada de 75 Watts, por exemplo, consumirá 0,075kWh * 24 = 1,8kwh de energia.

2.3.2 Algoritmo para AMR

A programação de software é implementada com a linguagem de programação Arduino chamada Processing, que também suporta as linguagens de programação C e C++. O programa Arduino, designado por ***sketch***, é criado no computador com o Arduino Software IDE. Este esboço é convertido em instruções transferidas para a placa Arduino através de um USB (comunicação em série), um processo conhecido como ***upload***. A Figura 2.10 mostra um algoritmo de fluxograma da secção de programação de software do projeto. Neste fluxograma, a energia é transmitida após 4 impulsos (2 minutos se a carga for de 75 W) para efeitos de apresentação.

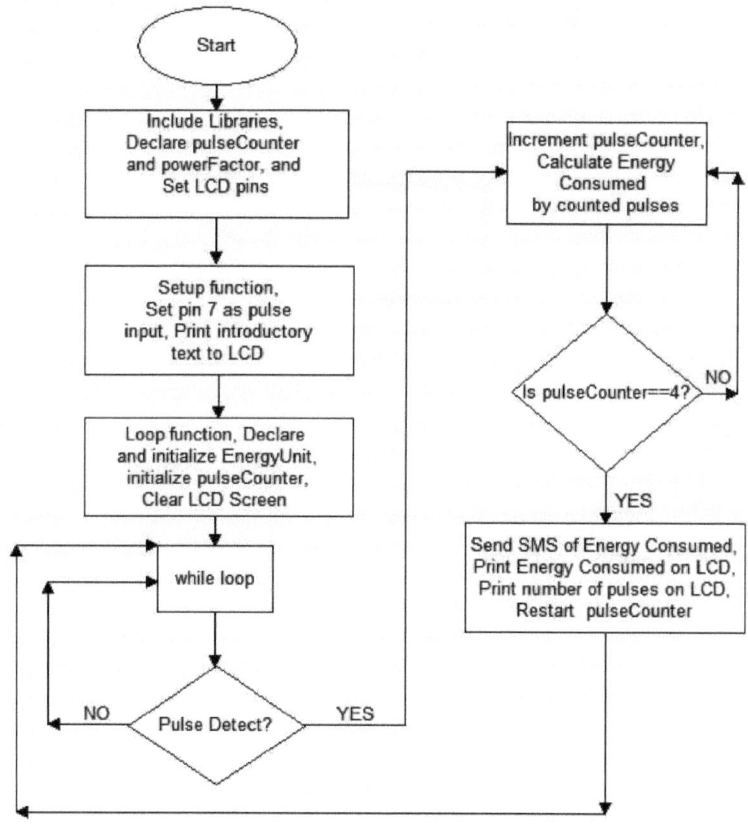

Figura 2. 7: Fluxograma do sistema

2.4 Sistema completo

Juntando todos os módulos do sistema descritos, obtém-se a conceção completa do sistema de Leitura Automática de Contadores de Energia apresentada na figura 2.11.

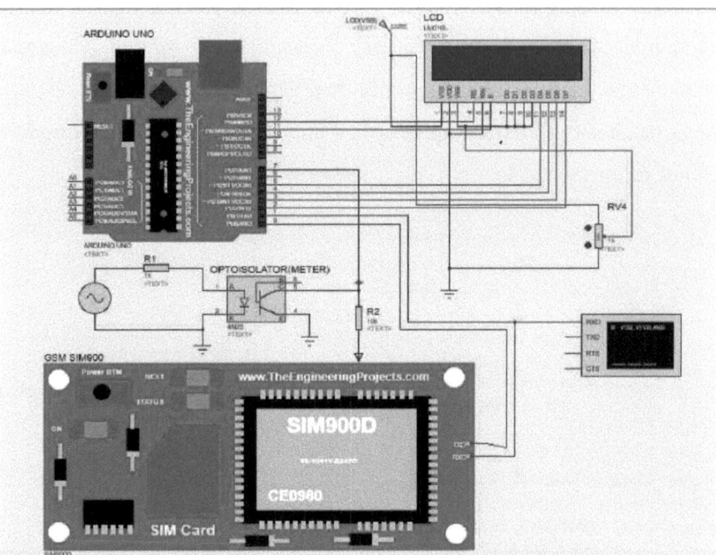

Figura 2. 8: Conceção completa do sistema (esquema)

Neste capítulo, foram apresentados a filosofia e a abordagem do projeto, a descrição do circuito, a metodologia, os cálculos de energia, o algoritmo e o projeto completo do sistema AMR. Ou seja, como os componentes do sistema estão ligados e como todo o sistema funciona. Agora, vamos aprofundar a implementação, os testes e a discussão dos resultados.

CAPÍTULO 3

APLICAÇÃO, TESTES, RESULTADOS E DEBATE

Após a conclusão do projeto do sistema de leitura automática de contadores, iniciou-se a fase seguinte que envolveu a simulação, a implementação do hardware e os testes. As simulações foram realizadas com a utilização de um programa de simulação de software juntamente com o IDE Arduino que também foi utilizado para programar, compilar e carregar o código para o Arduino Uno. O principal software de simulação neste projeto foi o Proteus 8 Professional. Os vários blocos do projeto e depois o sistema completo foram simulados para garantir o funcionamento correto. No entanto, alguns dos componentes não estão disponíveis nos programas de simulação, pelo que foram utilizados equivalentes de design apropriados. O contador de energia, por exemplo, não está disponível, mas dado que utiliza um optoacoplador ou optoisolador que está disponível no Proteus, foi utilizado um optoisolador para representar o contador.

3.1 Simulações

Estes blocos do sistema foram primeiro simulados antes de serem integrados para a simulação completa do sistema.

3.1.1 Simulação do LCD com o Arduino

Para testar o funcionamento correto do LCD no proteus, foi escrito um código para escrever o texto "LEITURA AUTOMÁTICA DO MEDIDOR DE ENERGIA" no LCD. Este código é apresentado na figura 3.1.

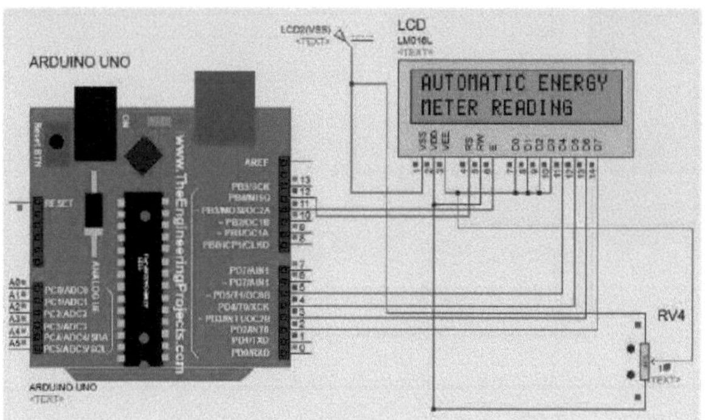

Figura 3. 1: Simulação de LCD

3.1.2 Simulação do sistema

O sistema apresentado na figura 2.11 foi simulado no Proteus. A parte GSM foi tornada visível no software, utilizando um terminal virtual como recetor (telemóvel no escritório de faturação). Este terminal indica no software, o texto que é enviado através do módulo GSM no momento apropriado de acordo com o código. Para fazer a interface com o LCD em modo de 4 bits, os D4-D7 do LCD foram ligados aos pinos de saída digital 5-2 do Arduino Uno, respetivamente, os pinos VSS e VDD aos pinos de 5V e terra, enquanto os pinos RS, R/W e E foram ligados aos pinos 12, terra e 11, respetivamente, do Arduino. D0-D3 e VEE foram ligados a um potenciómetro variável para ajustar o contraste do LCD. Os pinos TX e RX do módulo GSM são ligados diretamente ao RX e ao TX da placa, respetivamente, e o terra e o VSS ao terra do Arduino e ao pino de 5V, respetivamente, para corresponderem ao desenho.

O código completo do sistema foi então carregado para o Arduino Uno e o sistema funcionou.

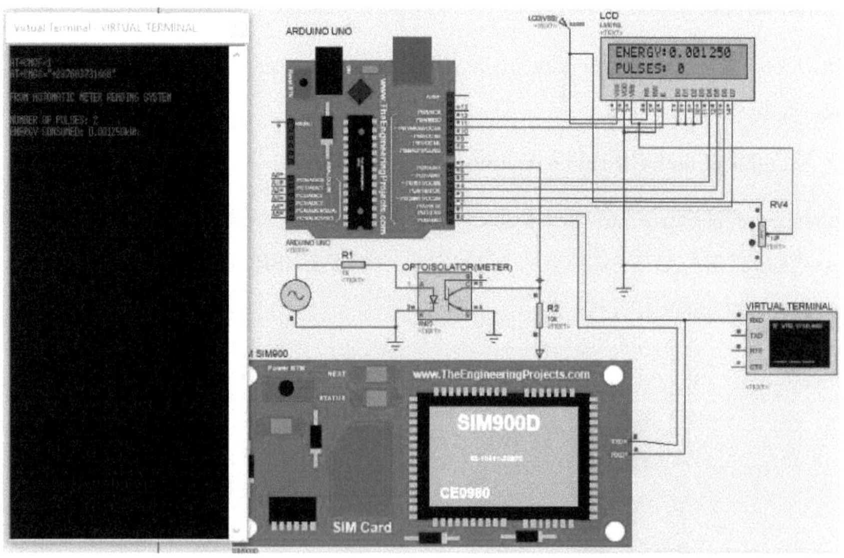

Figura 3. 2: Simulação do sistema completo

3.2 Ensaio de blocos

3.2.1 Fonte de alimentação do sistema

Para alimentar a placa Arduino e o módulo GSM, foi ligado um transformador de 14V à fonte de CA e a sua saída foi rectificada e regulada para 12V. Estes 12V foram então ligados à tomada de alimentação externa da placa Arduino. O objetivo era fornecer corrente suficiente para o funcionamento da placa e do módulo GSM, especialmente durante a comunicação, em que o módulo GSM pode consumir até 2A de corrente. Depois de todas estas ligações, o circuito foi ligado a uma fonte de 220V AC e a saída do regulador de tensão foi testada com um multímetro para garantir que cumpria os requisitos do projeto. A Figura 3.3 mostra o circuito da fonte de alimentação.

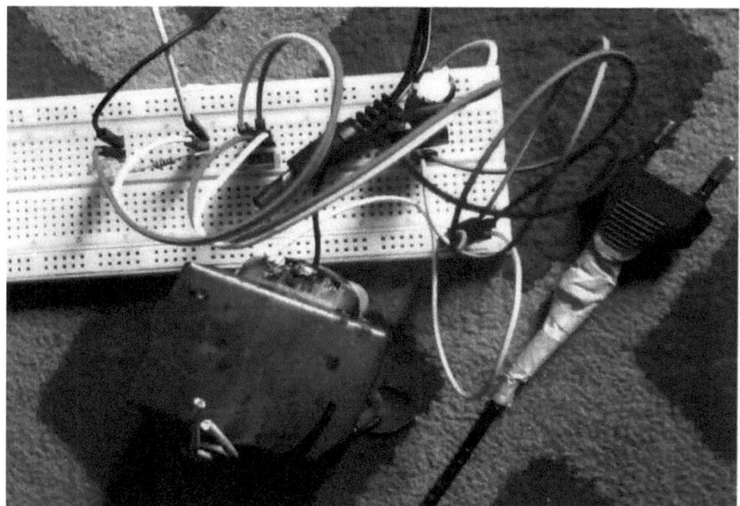

Figura 3. 3: Circuito da fonte de alimentação do sistema

3.2.2 Contador de energia

O contador de energia DDS228 foi testado para garantir o seu correto funcionamento, ligando-o a uma lâmpada de 75W e monitorizando o LED de impulsos para verificar se há saídas de impulsos (intermitências) depois de o alimentar com uma fonte de 220V AC. Este teste é apresentado na figura 3.4.

Figura 3. 4: Teste do contador de energia

3.2.3 Módulo GSM

O módulo GSM foi testado carregando o exemplo de programa *TestModem.ino* no IDE do Arduino na placa e obtendo a resposta no monitor de série, como mostra a figura 3.5. A comunicação em série entre o módulo e a placa Arduino Uno é efectuada através dos pinos da interface UART, pinos digitais 0 e 1, que são os pinos de receção e envio, respetivamente.

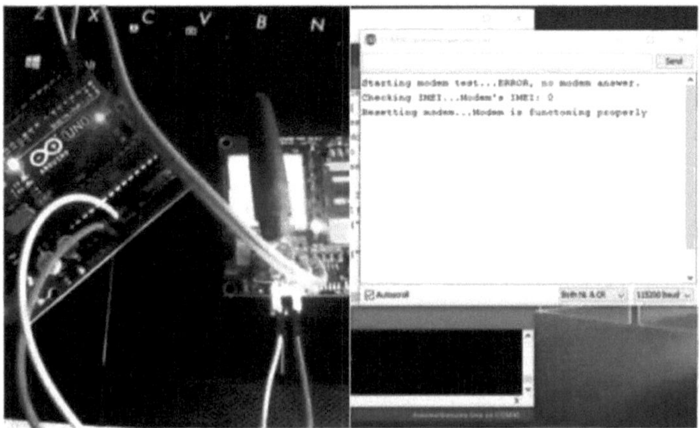

Figura 3. 5: Teste do módulo GSM 2

3.2.4 LCD

Tal como na simulação, o código para apresentar o texto "LEITURA AUTOMÁTICA DO

MEDIDOR DE ENERGIA" no LCD foi carregado no Arduino Uno. No entanto, é utilizado o protocolo de circuito integrado (I^2 C) na comunicação entre o Arduino Uno e o LCD. Isto é feito ligando a mochila I^2 C ao LCD, como se mostra na figura 3.6. O I^2 C tem a vantagem de necessitar apenas de duas ligações de sinal ao Arduino, Serial Clock (SCL) e Serial Data (SDA).

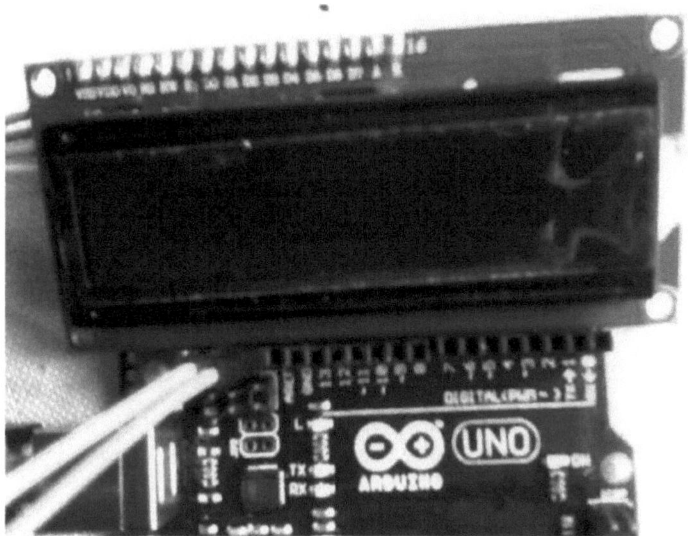

Figura 3. 6: Teste do bloco LCD

3.3 Teste completo do sistema

Foi construído o circuito apresentado na figura 2.11. O código completo para o funcionamento de todo o sistema foi carregado no Arduino Uno. O circuito completo de leitura automática do contador foi então executado para testar a sua execução. O circuito de hardware é apresentado na figura 3.7.

Figura 3. 7: Circuito AMR completo

3.4 Resultados e discussão

Apresentamos os resultados da simulação e os resultados da implementação em hardware.

3.4.1 Resultados da simulação

- **A simulação do LCD com o Arduino** funcionou na perfeição. Os caracteres esperados foram impressos no LCD como mostra a figura 3.1.

- **A simulação completa do sistema** também funcionou perfeitamente com as expectativas do medidor, LCD, Arduino Uno e módulo GSM, conforme descrito anteriormente. Os impulsos foram lidos a partir do optoisolador, a energia consumida e a contagem de impulsos foram apresentadas no LCD como esperado e os SMS foram enviados nos instantes esperados (após cada 2 impulsos). A receção do SMS foi mostrada pelo terminal virtual que funciona como o telemóvel no gabinete de faturação. Estes resultados da simulação são apresentados na figura 3.2.

3.4.2 Resultados dos ensaios de blocos

De um modo geral, é de salientar que, ao trabalhar com componentes electrónicos e analógicos de hardware real, existem muitas fontes potenciais de erros, tais como a sua sensibilidade ao ruído, saídas defeituosas e variações em relação ao funcionamento ideal, o que resulta num desvio do funcionamento e das saídas esperadas do sistema.

- Durante o primeiro teste, o circuito da fonte de alimentação produziu uma saída defeituosa que destruiu a placa Arduino Uno, o que levou à sua substituição. No entanto, depois de verificar as ligações e medir as saídas, o problema foi resolvido e o circuito funcionou corretamente. Com uma entrada de 220V AC, produziu uma saída de 14V AC na saída do transformador e 12V DC na saída do regulador de tensão 7812, como esperado.
- O contador digital DDS228 também funcionou na perfeição, como mostra a figura 3.4. A lâmpada ligada ao medidor produziu luz e o medidor registou dois impulsos por minuto, visíveis através do seu LED de impulsos. Isto indicava que o contador estava a registar a energia consumida pela lâmpada (carga) e adequada ao sistema.
- O módulo GSM funcionou corretamente, como se pode ver no monitor de série do Arduino IDE na figura 3.5.
- O LCD apresentou a frase de caracteres esperada perfeitamente como esperado. Isto é mostrado na Figura 3.8.

Figura 3. 8: Resultados do teste do LCD

3.4.3 Resultados completos dos testes do sistema AMR

Depois de os blocos do sistema terem sido integrados como se mostra na figura 3.7 e de o código completo ter sido carregado na placa Arduino, o sistema foi posto a funcionar. Depois de verificar as ligações, a fonte de alimentação foi ligada a uma fonte de 220V AC. Como esperado, o sistema ligou-se e apresentou as mensagens introdutórias de arranque no LCD 16x2. Após as mensagens, foram apresentados no LCD a leitura do contador (energia consumida) e a contagem de impulsos, ambos inicializados a zero, como esperado, dado que o contador digital ainda não tinha sido ligado e não estava a ser consumida energia pela carga (lâmpada). O módulo GSM foi registado na rede MTN Cameroon devido ao cartão SIM nele inserido. Este registo foi indicado pelo LED da rede, que mudou de estado, passando de piscar a cada segundo para piscar em intervalos de 3 segundos. O contador foi então ligado à corrente eléctrica ligando-o a uma fonte de 220V AC. A lâmpada acendeu-se e o sistema monitorizou o contador em busca de impulsos. Cada impulso indicado pelo LED era captado pelo sistema e indicado por um incremento na contagem de impulsos no LCD, como na figura 3.9.

Figura 3. 9: Saída do LCD do sistema

Após 1 minuto de alimentação do contador com carga de 75W, foram registados dois impulsos, como previsto (secção 2.3.1). Após 2 minutos, foram registados 4 impulsos e a leitura do contador foi transmitida através de SMS pelo módulo GSM. O SMS foi recebido pelo recetor designado, como mostra a figura 3.10.

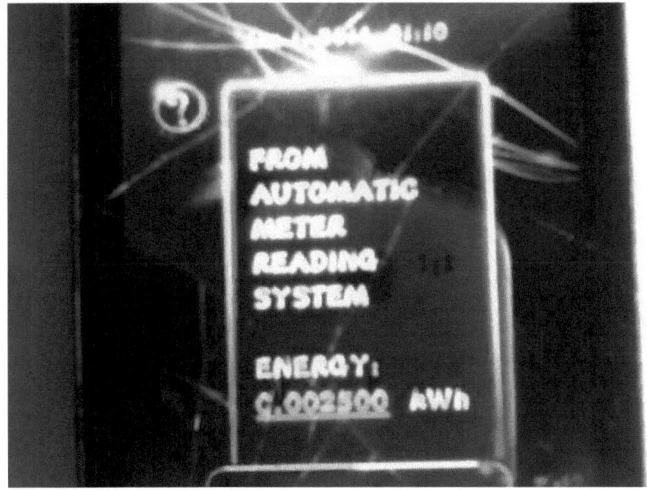

Figura 3. 10: SMS recebido

Este sistema fornece leituras do contador com 6 casas decimais. Trata-se de uma leitura mais exacta do que as leituras recolhidas manualmente pelos leitores de contadores. Isto deve-se ao facto de o visor do contador digital aproximar as leituras do contador a uma casa decimal. A energia inferior a 0,1 kWh não pode ser visualizada e, por conseguinte, não pode ser lida. O sistema AMR, por outro lado, pode ler um mínimo de 0,000625kWh, equivalente à energia consumida por um único impulso. Por conseguinte, o novo sistema é mais exato do que o sistema de leitura manual dos contadores.

Figura 3. 11: Sistema AMR em funcionamento

Além disso, a transmissão da leitura do contador para o gabinete de faturação através de GSM significará menos despesas para a empresa de abastecimento sob a forma de pagamentos aos leitores de contadores e menos inconvenientes ou perturbações para os consumidores devido à tentativa de leitura dos contadores por parte dos leitores.

Neste capítulo, foi apresentada a implementação e o teste do sistema concebido no capítulo 2.

Para concluir este projeto, os resultados serão então confrontados com os objectivos do projeto.

Figura 3. 12: Protótipo completamente emparcelado

CONCLUSÃO

Após a conclusão do projeto, foi concebido, implementado e testado um sistema de Leitura Automática de Contadores de Energia. Este sistema constitui um avanço revolucionário na tecnologia de leitura de contadores de energia, baseado em conceitos de comunicação sem fios, medições exactas e sistemas embebidos. No essencial, os objectivos enunciados no capítulo 1 foram atingidos de forma satisfatória:

- Medição exacta do consumo de energia eléctrica.
- Visualização da leitura do contador
- Transmissão sem fios da leitura do contador (energia) para o serviço de faturação da companhia de eletricidade.

Cumprir os objectivos acima referidos não foi uma tarefa fácil. Alguns componentes produziram resultados defeituosos, como se explica na discussão dos resultados, e aumentaram o custo da aplicação, que já era muito elevado devido ao facto de os componentes serem muito caros.

Um dos principais problemas enfrentados durante este projeto foi a interface do contador digital com o Arduino Uno, onde foi necessário abrir e testar o contador proprietário para identificar as ligações de impulsos e programar a placa do microcontrolador para monitorizar e ler os impulsos. Além disso, ao comprar o módulo GSM, este não podia ser registado por nenhuma das redes GSM disponíveis nos Camarões. O módulo teve de ser formatado com outro firmware e com uma taxa de transmissão de 115200 bps para funcionar corretamente, um processo que não foi fácil de resolver.

Âmbito futuro

Este projeto pode ainda ser transformado num contador pré-pago, incluindo um relé e um relógio em tempo real (RTC). O contador de energia pré-pago envolve:

- Pré-pagamento do consumo de energia
- Medição exacta do consumo de eletricidade.
- Visualização do saldo disponível no contador.
- Proporcionar ao utilizador a possibilidade de recarregar sem fios o saldo do

contador a partir de casa, através de SMS, eliminando a necessidade de se deslocar aos pontos de venda de eletricidade e de comprar eletricidade.

- Atualização das tarifas de consumo através do envio de um SMS com as tarifas actualizadas em função da hora do dia (Tarifa TOD) fornecidas pelo RTC.
- Verificação da conta e do consumo de eletricidade do utilizador, solicitando ao contador que envie o montante do saldo remanescente no contador por SMS para a companhia de fornecimento de eletricidade.
- Avisar o utilizador por SMS quando o saldo for inferior a um determinado limite, o que ajuda a planear e gerir corretamente o consumo de eletricidade do utilizador.
- A desconexão da energia quando o saldo se esgota, evitando assim as fugas de eletricidade e permitindo à empresa fornecedora de eletricidade controlar melhor a distribuição de eletricidade.

REFERÊNCIAS

[1] Leitura automática de contadores. Obtido de https://en.wikipedia.org/wiki/Automatic_meter_reading, acedido em 05 de agosto de 2016.

[2] HG Rodney Tan, CH Lee, VH Mok, Automatic Power Meter Reading using GSM Network, The 8th International Power Engineering Conference (IPEC 2007), pp. 465-469, dezembro de 2007.

[3] Tariq Jamil, Design and Implementation of a Wireless Automatic Meter Reading System, Proceedings of the World Congress on Engineering 2008 (WCE 2008), Vol I, July 2 - 4, 2008.

[4] Shi Jiong Yuan, Sistema de leitura automática de contadores sem fios baseado em GPRS, Software e Redes de Comunicação (ICCSN), 3ª Conferência Internacional do IEEE, 2011, pp.667-669, maio de 2011.

[5] Muzafar Imad Ali Ahmed, medidor de energia pré-pago monofásico inteligente baseado em GSM, julho de 2013.

[6] Arduino-Introdução. Recuperado de http://www.arduino.cc/en/Guide/Introduction, acedido em 20 de agosto de 2016.

APÊNDICES

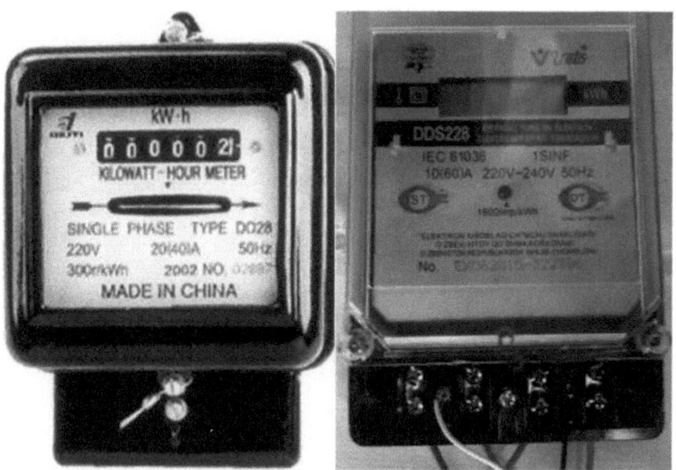

Apêndice A: Contadores electromecânicos e electrónicos

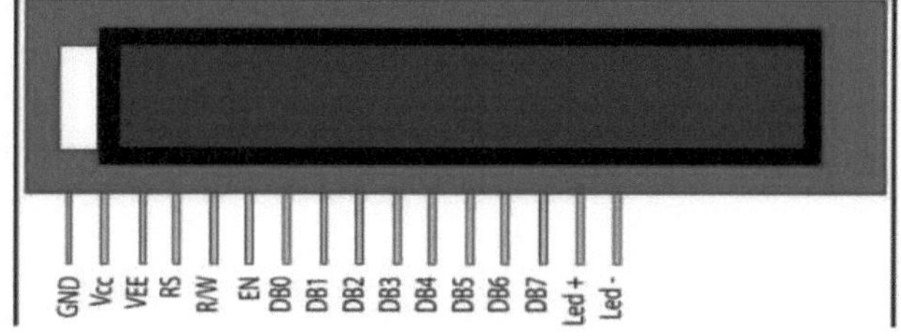

Apêndice B: LCD 16x2

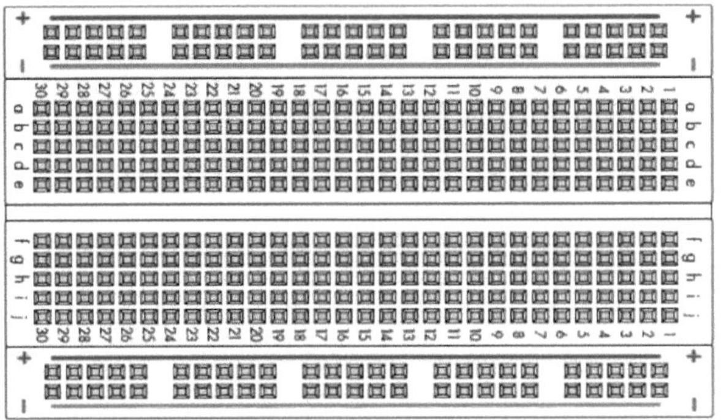

Apêndice C: Placa de ensaio sem solda

Printed by Books on Demand GmbH, Norderstedt / Germany